天津出版传媒集团

天津人民美术出版社

世界大师素描经典

珍品

水彩

图书在版编目（ＣＩＰ）数据

那时书妆："百花小开本"散文书衣 / 刘运峰编著.
-- 天津：百花文艺出版社，2016.8
ISBN 978-7-5306-7014-9

Ⅰ.①那… Ⅱ.①刘… Ⅲ.①书籍装帧–设计–文集
Ⅳ.①TS881–53

中国版本图书馆 CIP 数据核字(2016)第 177759 号

选题策划:李勃洋　　　　　　装帧设计:郭亚红
责任编辑:赵世鑫 刘嘉悦

出版人:李勃洋
出版发行:百花文艺出版社
地址:天津市和平区西康路 35 号　邮编:300051
电话传真:+86-22-23332651(发行部)
　　　　　+86-22-23332656(总编室)
　　　　　+86-22-23332478(邮购部)
主页:http://www.baihuawenyi.com
印刷:天津长荣健豪云印刷科技有限公司
开本:787×1092 毫米　　1/32
字数:127 千字　　　图数:102 幅
印张:7.5
版次:2016 年 8 月第 1 版
印次:2016 年 8 月第 1 次印刷
定价:38.00 元

目　录

序：口袋书之爱

汪家明

　　许多读书人喜爱"口袋书"，包括我自己，但从未认真想过为什么。几十年与书打交道，我收存的口袋书少说也有二百来本。近日得暇，翻看一遍，有些惊讶，其中经我手编辑出版的就有五十多本：《二十世纪华人名人小传记丛书》，冰心、叶至善、李杭育等的散文随笔集……这些小书出版于 1998 年至 2000 年。那几年有阵"口袋书热"，可惜没成气候，冷下去了。其实，早在二十世纪五六十年代，百花文艺出版社就开始出版口袋书，如巴金《倾吐不尽的感情》、孙犁《津门小集》、碧野《月亮湖》、叶君健《两京散记》等。即使是"文革"中的 1975 年，也出版了《深山明珠》《驼铃千里》等口袋书。"文革"过后，百花社坚持这一传统，孜孜矻矻到今。以我的收藏看，百花版口袋书堪称中国最成规模、最有特色、延续最久、读书人最爱的口袋书。

　　所谓"口袋书"，并无明确界定，大抵指开本小于 32 开，印张少，分量轻，便于携带的图书。中国古代曾有"巾

箱本""袖珍本"，是可以塞在放置头巾的小箱里或揣在袖子里的书本。1927年，日本岩波书店顺应关东大地震以后读者对低价图书的需求，首创一种内容包罗万象，开本仅为一般32开书籍一半的"岩波文库"（105毫米×148毫米），引起市场热潮，随之改造社文库、新潮文库等跟风出版。二战后，日本经济衰败，精神挫伤，"文库本"更受欢迎。岩波文库绵延不断，角川文库、教养文库、市民文库相继推出，读者渐渐养成了购买、阅读文库本的习惯和爱好，连讲谈社、小学馆、集英社这样的大型出版社也参与进来。"文库本"遂成为小开本、成系列图书的专称，其实就是我们所说的口袋书。如今日本书店里，文库本常常占据一整层楼的位置。由此观之，日本口袋书之流行，一是因为经济衰退、战争失败、精神需求旺盛的遭际，二是读者阅读、购买、收藏习惯的逐步养成。二者缺一不可。而中国，没有这种历史遭际，形不成口袋书的大潮和规模，也就不奇怪了。

既未形成风潮，出版日少，口袋书反而金贵。我记得范用先生在世时，就喜欢小开本图书，他主持出版并亲手设计的三联书店《读书文丛》《今诗话丛书》以及杨绛《干校六记》等，都是窄本小书，当时跟风的不少（如人民日报出版社的《百家丛书》）。范先生还藏有1936年版的麦绥莱勒《木刻连环图画故事》四种，由鲁迅、郁达夫等写序，开本115毫米×150毫米，与日本文库本相差无

几。人民文学出版社 1987 年出版一套十二本《外国名诗》，收有波德莱尔、纪伯伦、泰戈尔、聂鲁达等人的作品，尺寸只有 95 毫米×130 毫米，真的可以随手装进衣袋。其装帧设计者张守义，作者像画者出自柳成荫——都是书装界的大家。

百花版口袋书尺寸 113 毫米×160 毫米，是以 690 毫米×960 毫米的小整张裁切的 32 开本。开本虽小，装潢却大气：封面绘画，多用木刻或线画，朴素、强烈、灵动；书名和作者署名，或是手写的美术字，或是作者手迹，亲切有感；颜色不过两三种，简洁、清雅。风格相类，具体却各不同。内文也不苟且：有环衬，有扉页，扉页背面是版权和内容提要；五号宋体字，每页 22 行，每行 21 字；序言、后记和附录则用五号仿宋；目录上空五行起；正文单篇起，亦留足天头，而且常有题图在篇名之上；篇尾有空时，则插以图案……可谓精心安排，一丝不苟，全无轻视之念。范用先生曾说："封面是华丽绚烂好还是朴素淡雅好，得看什么书。文化和学术图书，一般用两色，最多三色为宜。多了，五颜六色，会给人闹哄哄浮躁之感……书籍要整体设计，不仅封面，包括护封、扉页、书脊、封底乃至版式、标题、尾花，都要通盘考虑。"以这段话对照百花社的口袋书，庶几近之。

日本口袋书除了开本小、价格廉之外，在内容上与普通开本图书并无不同。中国的口袋书，尤其是百花版，

则以散文随笔为主,多是作家学者长篇大著之余,灵感的闪光,情趣的捕捉,睿智的手录,读者可以任性打开一页阅读,可于闲暇时玩味,与作者通感或共鸣。如季羡林《天竺心影》、黄永玉《太阳下的风景》、宗璞《丁香结》、贾平凹《月迹》等。我读晚年孙犁作品,就是从百花口袋版《尺泽集》开始的。1982年我在黄河岸边一座边远的小城里教书,课余给学生读这本集子里《报纸的故事》《亡人逸事》《鸡缸》。此后我陆续购存孙犁的《晚华集》《秀露集》《澹定集》《远道集》《陋巷集》等,都是百花版的口袋书。1998年,我和孙犁研究会秘书长刘宗武先生,为孙犁晚年的十本书,起了一个总名叫作《耕堂劫后十种》,出了一整套口袋书,专程去天津交到孙犁先生手上。这个缘分,要感谢百花文艺出版社。说到底,书的内容还是第一位的。以上面提到的百花社口袋本为例,即可看出他们那种寻访遗落的金子般的热情和辛劳。我想,书友们对这些小书的喜爱,是从里到外的爱,是从内容到形式的爱,是对书的完整生命的爱。

据说,百花社六十多年来出版的口袋书已有数百种;据说,有人专门收藏百花版口袋书。可如今出版界,书越出越大,越出越厚,16开本已占主流;印装工艺越来越复杂,印色之外再加烫金烫银、压凹起凸、覆膜覆油、模切镂空;书店里、网络上价高打折书比比皆是,小巧、朴素、价廉、品高的口袋书少有人问津……时风如此,无

从抗拒。而从未辉煌过的口袋书仍旧默默存在着,被一些人热爱着,如同洒落的金沙,不知哪一天被老沙梅聚拢起来,打造成一朵金蔷薇。

2016 年春节　北京

引言：难忘那时书妆

刘运峰

大约三十年前，我还住在天津河西区小海地的时候，几乎每天，我都要去附近的书摊走一走。有一个摊位专门卖百花文艺出版社的书。摊位的主人是一对老实巴交、不善言谈的中年夫妇。这个摊位上的书，品相都很好，价钱也标得很低，我很乐意和他们打交道。在这个摊位上，我买过《孙犁文集》精装本，买过《阿英散文选》，买过《内山完造传》，买过《四世同堂》，还买过《耕堂读书记》。但买得最多的，还是那些"小开本"散文。当时，我并不知道这是一套陆陆续续出版的丛书，只是觉得这种开本很有意思，按照纸张的规格，它们是比普通32开本还小的690毫米×960毫米1/32的开本，外观尺寸长为160毫米，宽为113毫米，小巧玲珑，可以装在口袋里边，因此也称"口袋书"。这种开本携带、阅读都很方便，尤其适合卧读，拿在手中，丝毫没有负重感。

起初，我只是买我喜欢的作家的作品，如孙犁的《晚华集》《澹定集》《尺泽集》《远道集》，贾平凹的《月迹》《商

州三录》,黄永玉的《太阳下的风景》,刘再复的《太阳·土地·人》,姜德明的《南亚风情》《绿窗集》等。但是,久而久之,我喜欢它的装帧竟然胜过了内容。

我感到,这套"小开本"不仅开本别致,封面设计也有许多独到之处。其格调或清新,或淡雅,或质朴,或灵动,或庄重,或活泼,而且,它们大部分是由设计者亲手绘制的,其中不乏名家高手,比如古元、张守义、张德育、黄永玉、陈新、黄维中、陶家元、左建华、刘丰杰、王书朋、华克齐、郭予群、李芳芳、魏钧泉、颜宝臻等。

我有时把这些"小开本"摊在床上,专门欣赏它们的封面,真有琳琅满目、美不胜收之感。出于对"小开本"的热爱,我花费了不少的时间,通过旧书店、旧书摊和孔夫子旧书网,将这套"小开本"买齐了,恰好100册!

这些"小开本"散文,从最早的《津门小集》(1962),到最后的《老屋梦回》(1991年初版,1992年再版),前后跨越三十年。从1962年到1992年,期间经历了许多重大的事件和历史转折,如"三年困难时期"过后的国民经济调整,以"文化大革命"为名的十年浩劫,粉碎"四人帮",拨乱反正,改革开放,社会主义市场经济体制的确立。这些社会变迁,在"小开本"散文也有较为明显的体现。因此,从某种程度上说,"小开本"是一个时代的历史记忆和思想变迁的见证。

而"小开本"散文的封面设计,同样体现了三十年间

设计理念、审美风尚的变化,这些设计以清新淡雅、质朴无华为基调,匠心独运,别具一格,即使今天看来也不过时,具有一种特殊的风味。

这本《那时书妆——"百花小开本"散文书衣》,既是一部书影,也是一本史料。将来,有人研究百花文艺出版社的历史或是当代散文出版史或书装史,这本书是可以作为第一手资料而派上用场的,这是我所坚信的。

我知道陈子善教授、王稼句先生、王振良兄对"小开本"有着深刻的印象,因此特地约请他们三位各写了一篇很是美妙的文章,殿于书后,以增光色。

愿这本《那时书妆——"百花小开本"散文书衣》能够给当代过度依赖电脑设计图书封面的出版界带来一点儿启示,一点儿借鉴,一点儿思考。因为,电脑设计固然方便,但是,总觉得少了一点儿味道,一点儿感觉。

耀文华光

"后光小其文"

"百花小开本"散文是一部没有丛书名的丛书,它的开本极为别致,是比普通32开本还小的690毫米×960毫米1/32的开本,外观尺寸长为160毫米,宽为113毫米,小巧玲珑,可以装在口袋里边,人称"口袋书"。"小开本"散文的印制采用三种形式:即平装本,大量印制;半精装本,纸面有硬衬、折口、飘口,印制一部分;精装本,府绸面,硬衬,外加护封,印量极小,供作者赠送。在版式设计方面,缩小版心,扩大天头地脚,翻口、订口亦留白较多。每页22行,每行21字。文前一般有题图,文后有尾花。

　　自1962年9月出版孙犁的《津门小集》开始,这一独特的开本和装帧设计得以确立,到"文化大革命"开始前出版了十余种。"文化大革命"期间,百花文艺出版社的建制被取消,"小开本"散文的出版亦告中止。

　　1975年,出版环境稍稍宽松,在百花文艺出版

社原社长林呐的坚持下，以天津人民出版社的名义出版的《春满青藏线》《驼铃千里》《深山明珠》3种散文，亦采用小开本的形式。

"文革"结束后，百花文艺出版社恢复，"小开本"散文进入了一个蓬勃发展的时期，尤其是八十年代中期，"小开本"散文的出版达到高峰，在短短几年的时间里就出版了数十种。随着市场经济大潮的兴起，"小开本"散文逐渐走向衰落，至二十世纪九十年代初期，"小开本"基本退出了出版领域。

经过调查，"小开本"散文共出版100种（包括"文革"时期3种）。

津門小集

孙犁著

《津门小集》

孙犁著,装帧、插图:陈新,1962年9月第1版第1次印刷,1964年3月第2次印刷,共印32800册(内半精装本1200册)。

收录作品18篇,后记1篇。

装帧设计者陈新,是资深的美术编辑,他开动脑筋,为《津门小集》设计异形开本,并开创了这一开本的规格。陈新1930年生于河北交河,1945年在天津读完初中后因家贫无力升学,开始走上自学道路。1948年,他进入留日画家于赤叶所开办的美术学园学习美术。1949年后,出于对书籍和美术的热爱,陈新选择了知识书店,专门从事书籍的装帧设计。后任百花文艺出版社美编室主任,编审,还担任中国出版工作者协会装帧艺委会顾问。

在小开本的装帧设计上,陈新立了头功。他也深得孙犁的信任,孙犁的许多作品都由陈新设计封面,孙犁曾说过这样的话:"陈新设计的封面,我最放心。"

除了书籍装帧,他还致力于装帧艺术理论研究,著有多篇理论文章,出版有《装帧艺术散论》一书。陈新还擅长版画,曾任版画研究会的理事,多次获版画奖。

两京散记

叶君健

LIANG JING SANJI

《两京散记》

叶君健著,封面设计:国风,1962年10月版,5000册(内半精装本1200册)。

包括"北京"和"东京"两组散文,共计28篇,另有后记1篇。

封面设计者国风,本名汪国风,江苏扬州人,毕业于中央美术学院研究生班。曾任百花文艺出版社美术编辑,为天津画院画家,擅长版画。其《三月》为中国美术馆收藏,《鲁迅小说·药》入选第七届全国版画展并被中国美术馆收藏,《干旱的春天》入选中国版画展览,并被中国美术馆收藏,《薄暮》入选"捷克第七届国际版画展览"。

YINGHUAZAN 冰心 著

樱花赞

《樱花赞》

冰心著,封面设计:王治华,1962 年 11 月版,16000 册(内半精装 1000 册)。

收录作品 17 篇。

封面设计者王治华是一位资深的装帧设计家,他毕业于天津艺术馆美术班,曾任天津知识书店、天津人民出版社美术设计、美术编辑室副主任,后在新蕾出版社从事美术编辑工作,任编审,是资深优秀的装帧设计家。擅长插图、装饰画、漫画。插图作品有《望夫石》《渔童》《难以忍受》等,插图《望夫石》被中国美术馆收藏。

YI TIAN YUN JIN 一天云錦 韓映山著

《一天云锦》

韩映山著，封面设计：陈新，1963 年 2 月版，13700 册（内半精装 1000 册）。

收录作品 23 篇，后记 1 篇。

柯蓝

起飞的孔雀

《起飞的孔雀》

　　柯蓝著，装帧设计：何范，1963 年 7 月版，21000 册（内半精装本 1000 册），1979 年 11 月第 3 版第 3 次印刷，35000 册。

　　第 1 版收录两组散文，共 10 篇。再版时，增补 4 篇。

　　封面设计者何范，1937 年生，毕业于中央美术学院附中，后在百花文艺出版社任美术编辑，从事装帧艺术工作，为著名装帧艺术家。作品有《花的原野》等。

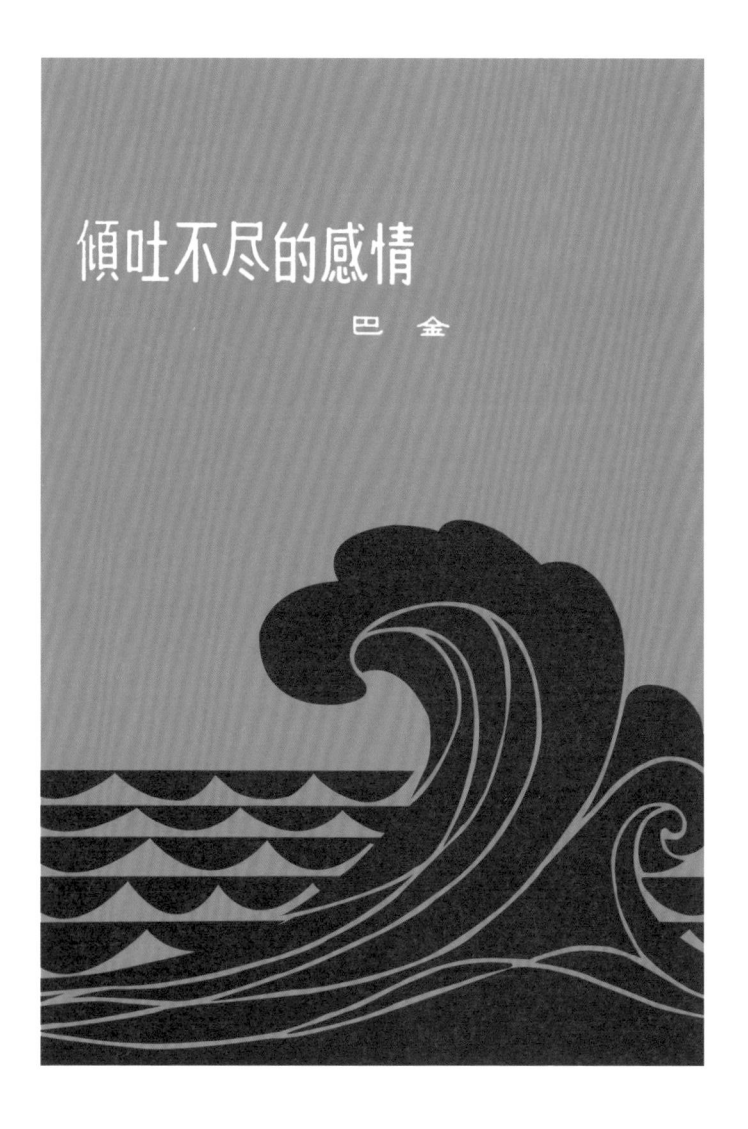

倾吐不尽的感情

巴 金

《倾吐不尽的感情》

巴金著,装帧、插图:王治华,1963 年 8 月版,23000 册(内半精装本 1000 册)。

收录作品 10 篇,前有《致芹泽光治良先生》作为代序。

CHUNYUI

春雨集

陈淼

《春雨集》

陈淼著,装帧设计:张德育,1963年12月第1版,1979年6月第2版第2次印刷,70000册。

收录作品19篇,再版后记1篇。再版时增补2篇。

在书籍装帧和插图方面,张德育享有盛名。他1931年生于河南省镇平县,1955年入中央美术学院学习,就学期间即为冯德英名著《苦菜花》创作了精彩的水墨插图,蜚声画坛。1958年应陈新、王治华之邀,进入百花文艺出版社,从事书籍装帧及插图工作。其为孙犁的中篇小说《铁木前传》所作水粉插图,受到读者和专家的一致好评。他的画技画风屡变屡精,作品堪称经典。1980年起调入天津画院,后主要从事国画创作,为天津画院一级画师。2004年出版《张德育画集》,影响颇大。曾任中国美术家协会理事、天津美术家协会副主席等。2010年因病去世,享年80岁。

月亮湖

碧野

百花文艺出版社

《月亮湖》

　　碧野著,封面设计:陈新,插图:张德育,1964
年5月版,73000册(内半精装1000册)。

第一章

卧月卷

WUYUEJUAN

《五月鹃》

　　杜宣著，装帧、插图：国风，1964 年 5 月版，63000 册（内半精装 1000 册）。
　　收录作品 17 篇。

非洲夜会

韩北屏

《非洲夜会》

韩北屏著,封面设计:陈新,1964 年 5 月第 1
版,1965 年 5 月第 2 次印刷,1984 年 9 月第 3 版
第 4 次印刷,合计 11000 册。

收录冯牧《读〈非洲夜会〉怀北屏》(代序)1 篇,
作品 12 篇,附录 1 篇,后记 1 篇,韩舞燕《难以忘
却的思念》1 篇。

非洲的火炬

FEIZHOUDEHUOJU

闺 译 珍 著

《非洲的火炬》

闻捷、袁鹰著,装帧、插图:陈新,1964 年 8 月版,68000 册(内半精装 1000 册)。

收录作品 12 篇。

林遐 撑渡阿婷 CHENGDUATING

《撑渡阿婷》

林遐著,封面设计:张德育,1964 年 11 月版,
81000 册(内半精装本 1000 册)。

收录作品 17 篇,后有小跋。

南方来信的收信人

《南方来信的收信人》

百花文艺出版社编辑部编，1965 年 6 月版，31000 册。

收录韩北屏、袁鹰、杜宣、西虹等散文 12 篇。

澜沧江边

那家倫 著

LANCANG JIANG BIAN

《澜沧江边》

　　那家伦著,装帧、插图:王治华,1965 年 12 月版,17300 册(内半精装 300 册)。

　　收录作品 16 篇。

天安门之夜

TIANANMENZHIYE 叶君健

《天安门之夜》

叶君健著，装帧设计：朱欣，1979 年 3 月版，37000 册。

收录作品 24 篇，后记 1 篇。

装帧设计者朱欣，又名朱欣根，生于江苏无锡。1959 年毕业于浙江美术学院中国画系，同年入中国美术研究所从事美术史论研究。六十年代曾任教于天津美术学院，1970 年后调入百花文艺出版社，任美术编辑，从事书籍装帧工作。为中国装帧艺术研究会会员、天津美术家协会会员、天津文史馆馆员，著有《朱欣根画集》等。

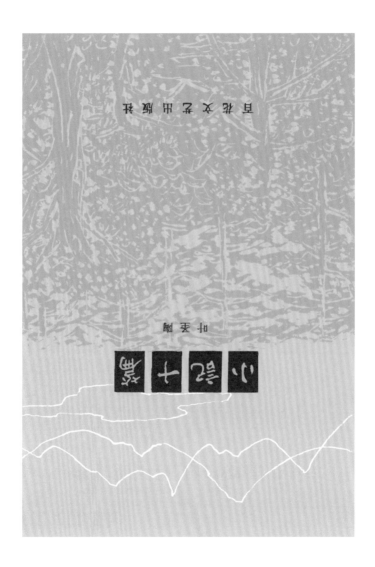

《小记十篇》

叶圣陶著,装帧设计:陶家元,1958 年 8 月第 1 版,1979 年 5 月第 2 版第 4 次印刷,合计111970 册。

装帧设计者陶家元,生于天津,先后从师于黄士俊、孙其峰等。始学人物画,后专攻山水画,并潜心研习书法、篆刻,其功力深厚坚实。为百花文艺出版社编审,曾任《小说家》《东方企业家》《散文》等刊物的美术编辑。曾为人民大会堂绘制巨幅山水画《海河两岸尽朝辉》。现为中国美术家协会会员、中国装帧艺术研究会会员、中国国画院院士、天津市书法家协会会员。

沧 海 歌

CANGHAIGE

徐 刚

《沧海歌》

徐刚著，装帧插图：左建华，1979年5月版，31000册。

装帧设计者左建华，河北人，毕业于天津美术学院。擅长书籍装帧设计。历任天津人民出版社美术编辑、百花文艺出版社美编室主任，编审。其装帧设计作品《访美归来》获第三届全国书籍装帧艺术展三等奖，《红玫瑰散文丛书》获第四届全国书籍装帧艺术展二等奖，《百花袖珍散文》《珍珠散文丛书》获第五届全国书籍装帧展优秀奖。

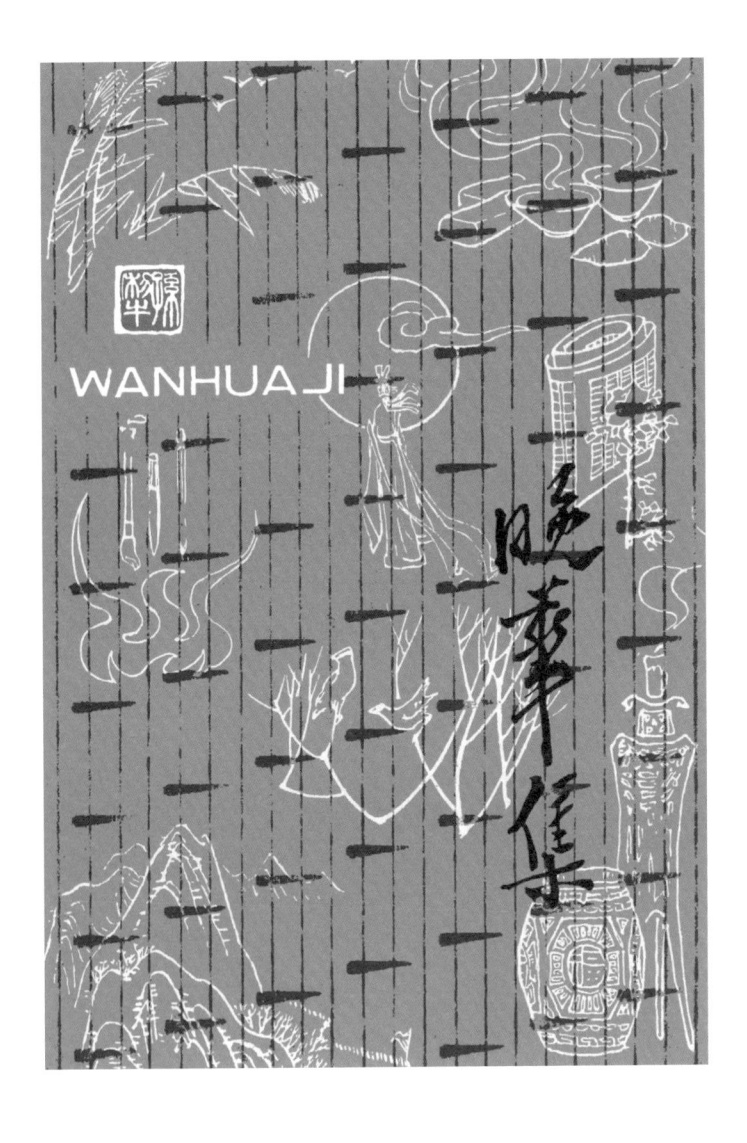

WANHUAJI

晚華集

《晚华集》

　　孙犁著,装帧设计:陶家元,1979 年 8 月第 1 版,1982 年 9 月第 4 次印刷,合计 43700 册。

　　这是孙犁在粉碎"四人帮"之后的作品,共收录散文 30 篇。

BEIHUAN

悲 欢

草

《悲欢》

　　袁鹰著，封面设计：朱欣，1980 年 8 月版，15000 册。

　　这是作者在粉碎"四人帮"之后的散文诗作，共收录作品 15 篇。

晚晴集

WAN QING JI

冰心 著

百花文艺出版社

《晚晴集》

冰心著,封面设计:刘丰杰,1980 年 9 月版,13500 册。

这是作者在粉碎"四人帮"之后的作品,共收录散文 12 篇,书后有作者后记。

装帧设计者刘丰杰,1942 年生,毕业于天津美术学院。后供职于天津人民出版社,任美术编辑室主任,编审。装帧作品多次获奖,同时致力于美术理论及绘画创作。所著《书籍美术》系中国第一部装帧艺术著作;《插图艺术欣赏》评赏古今中外名著插图,填补了国内空白;《现代装帧艺术》被多家媒体称其"为我国迄今出现的第一部自成体系的装帧艺术理论专著"。为全国装帧艺术研究会常务理事、天津市编辑学会理事、中国美术家协会会员。

天竺心影

季羡林

TIAN ZHU XIN YING

《天竺心影》

季羡林著,装帧设计:左建华,1980 年 9 月第
1 版,1982 年 3 月第 2 次印刷,印数不详。

收录作品 14 篇。

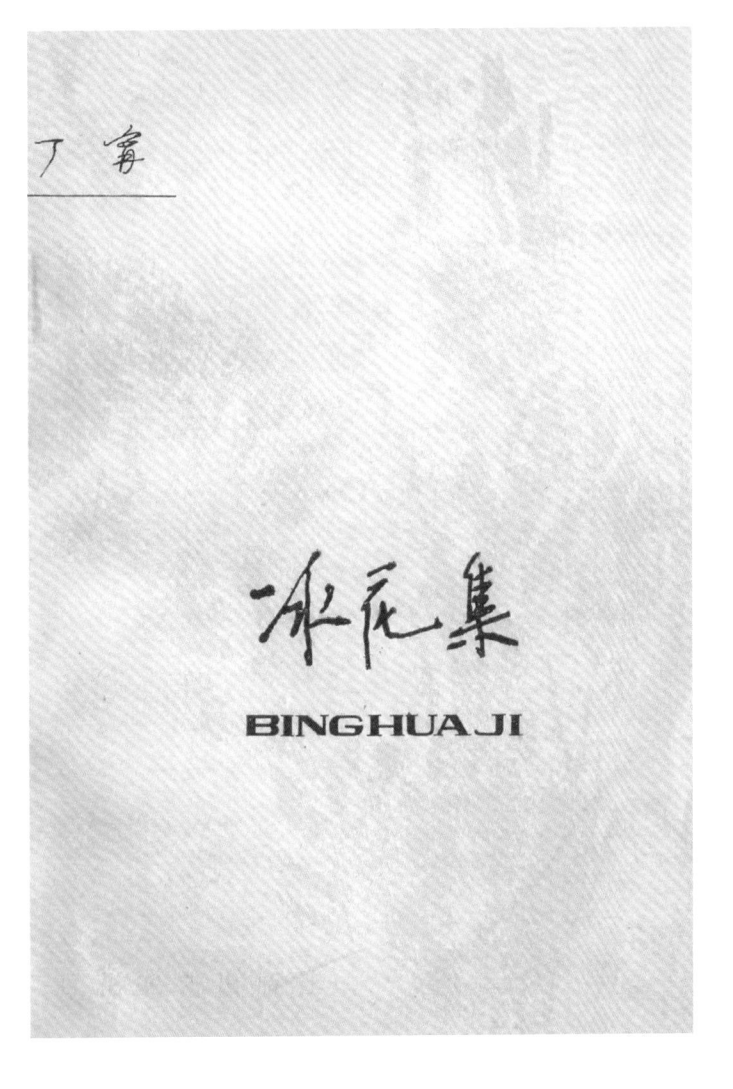

丁寧

冰花集

BINGHUAJI

《冰花集》

丁宁著,封面设计:左建华,1980 年 11 月版,14000 册。

收录作品 12 篇。

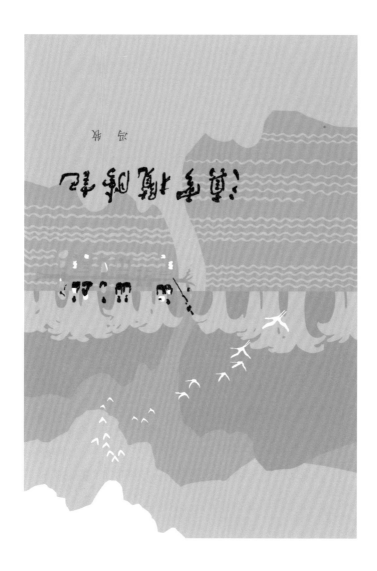

《滇云揽胜记》

冯牧著，书名题字：李一氓，装帧设计：占魁、海忠，1980年11月版，11000册。

收录作品16篇，书后有作者后记。

装帧设计者之一占魁即郭占魁，生于山西，1956年考入天津河北师范学院美术系，毕业后历任天津人民出版社、新蕾出版社美编室主任、副总编辑、社长、编审，擅长中国画，为中国美术家协会会员。作品有插图《琼琳仙洞》、版画《旭日》、中国画《东临碣石》《苍山秋色》《远望雪山》等。

另一位装帧设计者海忠，本名樊海忠，浙江宁波人，毕业于天津美术学院。曾在新蕾出版社任美术编辑，副编审。现为职业画家。其作品致力于具象、意象、抽象三种不同语汇的探索。作品《叶儿》入选首届中国油画展、《牛群》入选中国油画年展、《楼群》入选第八届全国美展，获展区优秀奖。作品收入《中国古典风油画》《中国现代美术全集·油画卷》等画册，并被中国香港、中国台湾、美国、德国等地区和国家的画廊、收藏家及国内美术馆和个人收藏。

风雨苍黄

陈大远

《风雨苍黄》

陈大远著,封面设计:陈新,插图:郭予群,1981 年 7 月第 1 版,9300 册;1982 年 9 月第 2 次印刷,5000 册。

收录作品 16 篇,后记 1 篇。

插图作者郭予群,北京人,毕业于天津美术学院,历任百花文艺出版社、《散文》杂志社、《中国妇女报》美术编辑。后侨居美国。书籍装帧作品有《衔着春光飞来》《海河边的小屋》等。

秀露集

孙犁

《秀露集》

孙犁著,封面设计:华克齐,插图:蔡延年、冯贵才,1981 年 3 月第 1 版,1982 年 3 月第 2 次印刷,合计 19000 册。

封面设计者华克齐,天津人,毕业于中央工艺美术学院。长期供职于新蕾出版社,从事装帧艺术设计工作。其装帧设计作品曾多次在全国书籍装帧艺术展中获奖。为中国美术家协会会员、天津文史馆馆员、天津市艺术学会副会长。

插图作者蔡延年,曾在天津人民出版社从事美术编辑工作,为编审。装帧作品多件获奖。擅长插图、连环画和中国画,画过数量众多的精彩插图。其中国画作品透着他的睿智,笔底功夫扎实多变,具有极强的现代面貌。为中国美术家协会会员。

插图的另一作者冯贵才,生于天津,毕业于天津美术学院国画系,天津人民出版社美术编辑,编审。其装帧艺术作品多件获奖。《哪吒斗龙王》《商汤灭夏》《玄武门之变》《平定安史之乱》等为其代表性作品。彩墨人物画有《故乡情思》《如梦》《河上花》等,意境幽雅,如入唐诗宋词的诗界。为中国美术家协会会员,中国出版工作者协会装帧艺术委员会会员。

南亚风情

姜德明

《南亚风情》

姜德明著,封面设计:王书朋,1981年4月版,14000册。

收录作品14篇,后记1篇。

封面设计者王书朋,生于天津,毕业于天津工艺美术学校。自1968年开始,先后在天津人民出版社、百花文艺出版社任美术编辑,编审。其装帧艺术作品多有获奖。长于油画及文学作品插图创作,绘画作品多次参加全国美术展览。作品有《钦差大臣》《在决战的日子里》等。现为中国美术家协会会员、中国美术家协会插图装帧艺术委员会委员、天津美术家协会副主席、天津美术家协会油画艺术委员会主任。

丁香花下

黄秋耘

《丁香花下》

黄秋耘著,封面设计:刘丰杰,插图:吴燃,1981年8月版,13000册。

收录作品23篇,后记1篇。

插画作者吴燃,安徽宿州萧县人。曾任百花文艺出版社美术编辑,后调入天津画院。早年致力于版画创作,后转攻书法和中国画,其书画均风格独特,简明老辣。代表作有《泊舟滩头》《山涧秋色》《长天秋水》等。作品曾获"鲁迅版画奖"。出版有《吴燃版画作品选集》《吴燃书画集》《吴燃版画选集》。为中国美术家协会会员、中国版画家协会理事,曾任天津美术家协会副主席、天津画院一级美术师。

洱　海　花

张　昆　华

《洱海花》

　　张昆华著,封面设计:李芳芳,1981 年 8 月第 1 版,1982 年 9 月第 2 次印刷,合计 9800 册。

　　收录作品 12 篇,后记 1 篇。

　　封面设计者李芳芳,毕业于中央工艺美术学院书籍装帧艺术系,擅长书籍装帧和插图艺术。曾为人民出版社美术编辑,后侨居美国。书籍装帧作品有《真爱的追求者》《作家作品选》等。其为《十二生肖邮票》兔年邮票的设计者。

澹定集

DANDING JI

《澹定集》

孙犁著,封面设计:魏钧泉,1981 年 10 月第 1
版,1982 年 9 月第 2 次印刷,合计 17400 册。

收录作品 46 篇,后记 1 篇。

封面设计者魏钧泉,生于山东青岛,毕业于天
津美术学院。后任百花文艺出版社美术编辑、美术
设计部主任,编审。其设计的《澹定集》《中国建筑
史》《中国前卫艺术》《中国建筑艺术图集》等获全
国或天津市装帧设计奖。擅长版画创作,作品有
《草原的乳汁》《土地》《山的儿子》等。《草原的乳
汁》获全国青年美展二等奖并入选《中国美术馆藏
品选集》,多幅作品被中国美术馆收藏。油画《脊
梁》入选《中国油画》。为中国美术家协会会员、中
国版画家协会会员、中国版协装帧艺委会委员、天
津市美术家协会理事、天津市出版协会装帧艺委
会副会长、天津市装帧工作委员会主任。2011 年去
世。

一束玫瑰

百花文艺出版社

《一束玫瑰》

梅苑著,装帧插图:李芳芳,1981 年 10 月第 1 版,1982 年 11 月第 2 次印刷,合计 24200 册。

袁鹰作小引,收录作品 42 篇,后记 1 篇。

云天忆

YUNTIANYI

《云天忆》

　　于雁军著,封面设计:魏钧泉,插图:张广杰,
1982 年 1 月版,9000 册。
　　收录作品 14 篇。

人海巴黎

RENHAIBALI

梅　苑

《人海巴黎》

梅苑著,封面设计:左建华,1982 年 1 月第 1 版,1984 年 10 月第 2 版第 3 次印刷,合计 32600 册。

全书收录散文 20 篇。

忘年

吴伯萧 著

WANGNIAN

百花文艺出版社

《忘年》

吴伯萧(箫)著,封面设计:王书朋,插图:郭予群,1982年4月版,17500册。

收录作品26篇。书前有《无花果》(代序),《经验》(代后记)1篇。

澳大利亚踪影

AODALIYAZONGYING

叶 进著

《澳大利亚踪影》

叶进著，装帧设计：王书朋，1982 年 6 月版，10000 册。

收录作品 28 篇，后记 1 篇。

扶桑杂记

姝林

《扶桑杂记》

林林著,书名题字:夏衍,封面设计:古元,1982年4月版,9000册。

陈大远作序,收录作品26篇。

封面设计者古元,1919年生于广东省珠海市唐家湾镇,擅长水粉画、水彩画和版画的创作。曾任中央美术学院教授、院长,中国美术家协会副主席、中国版画家协会主席,1996年去世。作品有《古元木刻选》《古元水彩画选》等。

月迹

YUEJI

《月迹》

贾平凹著，装帧设计：左建华，1982 年 11 月版，16000 册。

书前有孙犁《〈贾平凹散文集〉序》和作者自序《给读者朋友们》。

雾里看伦敦

冯骥才

WULIKANLUNDUN

《雾里看伦敦》

冯骥才著,封面设计、题图:王书朋,插图、文尾:冯骥才。1982 年 11 月版,11000 册。

书前有《雾中看花》(小序)。书后有《何日再相逢——伦敦!》(后记),附录《英国文学一瞥》。

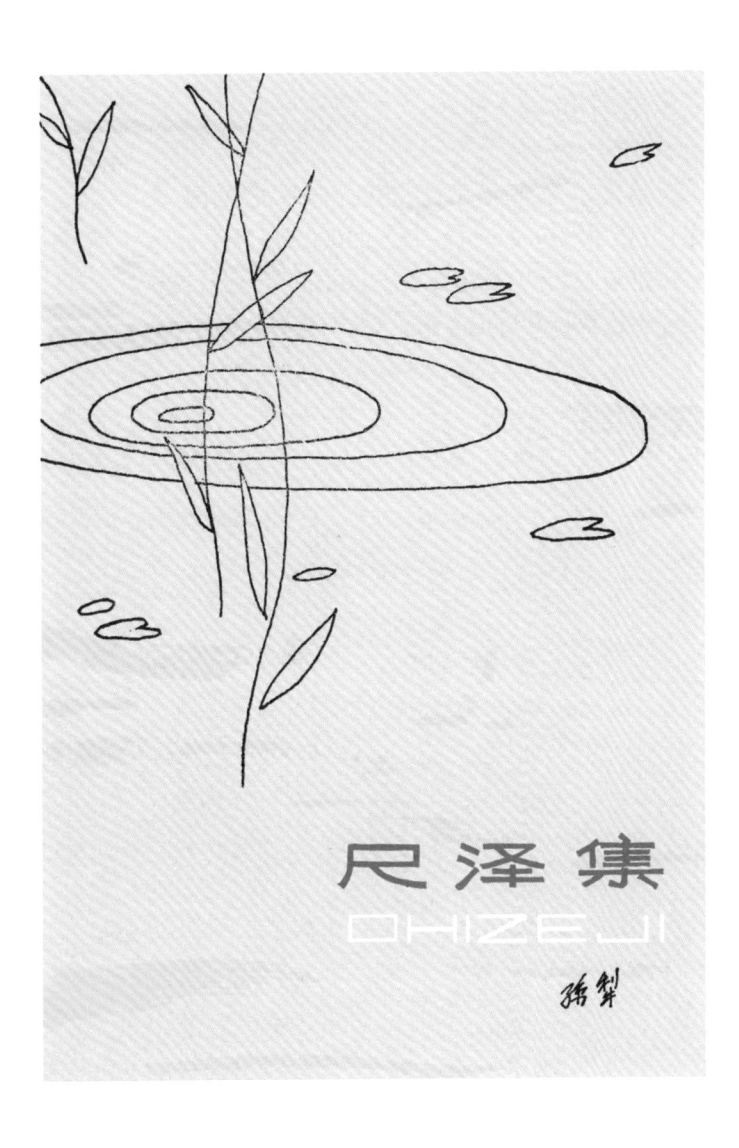

尺泽集

DHIZEJI

孙犁

《尺泽集》

孙犁著,封面设计:李芳芳,插图:赵正阳,1982年12月版,10500册。

收录作品24篇,附录2篇,后记1篇。

插图者赵正阳,擅长国画和水彩画,曾参与创办《智力》杂志并任副总编辑。

安徒生的故乡

ANTUSHENG DE GUXIANG

陈大远

《安徒生的故乡》

陈大远著,封面设计:陈新,1960年2月第1版,1978年12月第2版,1983年1月第5次印刷,合计121350册。

收录作品15篇,后记1篇,再版后记1篇。

关于这本书的封面设计,谢大光曾在《远名利而重事业——记百花文艺出版社美术编辑室主任陈新》一文中这样写道:"该书封面通体用一个纯蓝底色,象征北欧碧蓝碧蓝的海,画面底部托出一尊美丽的美人鱼铜雕,这是丹麦的象征。铜雕上的一切中间调子被涂黑,只留出高光部位,增强了铜雕的真感,使其显得稳重、安详,蓝色底在铜雕的对比之下,给人一种透明的感觉。整个封面的构图和着色,简洁、素雅,创造出一种宁静的意境,恰和作品的笔调相融合。这本书的封面设计在1979年全国书籍装帧展览会上被评为二等奖。"

《维也纳的旋律》

穆青著，装帧设计：王书朋，1983 年 1 月版，6500 册。

收录作品 8 篇。

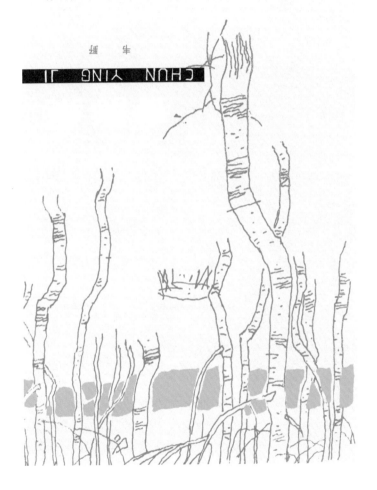

且独不名不花迎春报

牛 蒡

CHUN YING JI

《春影集》

韦野著,装帧设计:魏钧泉,1981 年 8 月第 1
版,1983 年 1 月第 2 次印刷,6000 册。

收录作品 20 篇。

余晖集

李麦

百花文艺出版社

《余晖集》

李麦著，封面设计：白慧敏，1983年4月版，4500册。

收录作品19篇，后记1篇。

封面设计者白慧敏，笔名白姑，1967年毕业于天津工艺美术学校，曾入中央工艺美术学院进修。任天津科技出版社美术编辑，编审。曾创作大量装帧设计作品，代表作品有《中国灯谜》《中国杂技》《寓言百篇》等。多次参加全国、大区或省市级装帧艺术展览并多次获奖。

远 方 集

玛 拉 沁 夫

《远方集》

玛拉沁夫著,封面设计:徐云,1981 年 4 月第 1 版,1983 年 4 月第 2 版,1984 年 10 月第 3 版第 3 次印刷,合计 10300 册。

收录作品 23 篇。

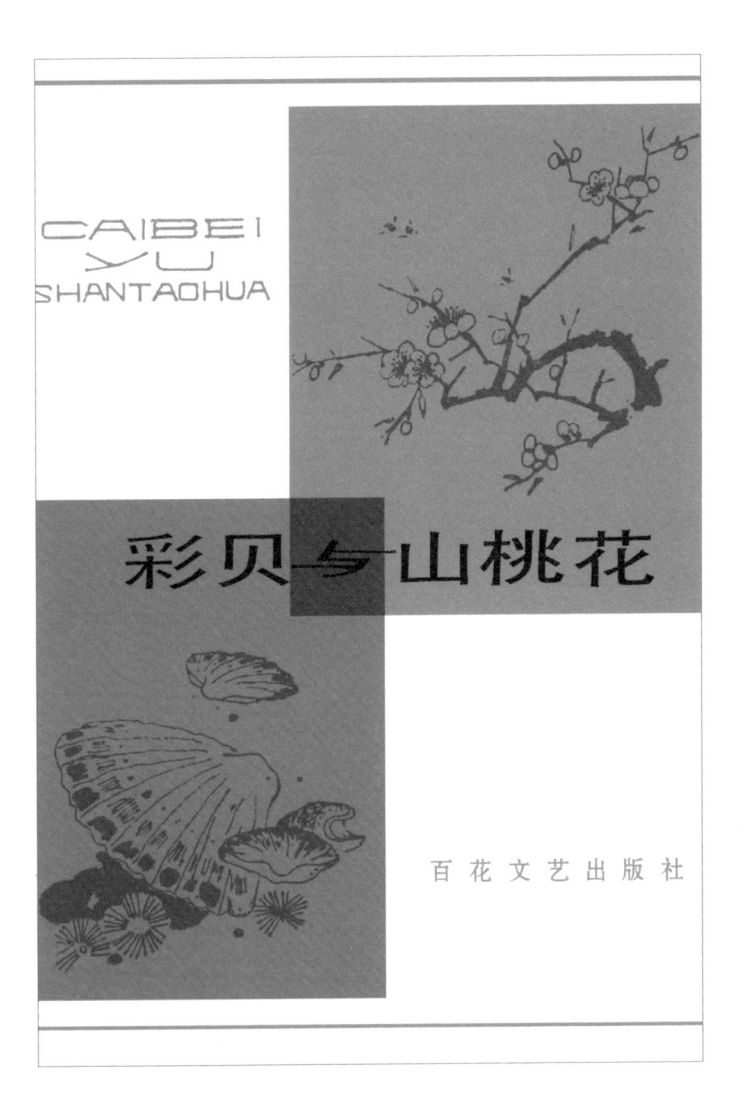

CAIBEI
YU
SHANTAOHUA

彩贝与山桃花

百花文艺出版社

《彩贝与山桃花》

沈仁康著,封面、插图:刘丰杰,1983 年 5 月版,8100 册。

收录作品 18 篇。

FANGMEI GUILAI

访美归来

林非

《访美归来》

林非著，装帧插图：左建华，1983 年 5 月版，14400 册。

收录作品 23 篇，后记 1 篇。

《文苑随笔》

吴泰昌著,书名题字:李一氓,封面设计:左建华,1983 年 5 月版,15600 册。

黄裳作序,收录作品 31 篇,后记 1 篇。

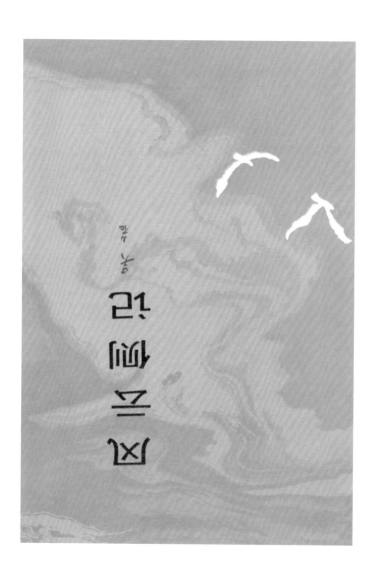

《风云侧记》

吴岩著，封面设计：左建华，1983 年 6 月版，10000 册。

收录作品 21 篇，自序 1 篇。

《绿窗集》

姜德明著,封面设计:王书朋,1983 年 7 月版,6200 册。

收录散文 24 篇,后记 1 篇,袁鹰《生活之窗常绿》代序 1 篇。

国外掠影

GUOWAI
LÜEYING

《国外掠影》

　　蒋子龙著,封面装帧:王书朋,1983 年 8 月版,
17600 册。
　　收录作品 23 篇。

45列传

南区的燃茶

《南风的微笑》

杨羽仪著,封面插图:陈九如,1983年9月版,8600册。

书前有作者自序。

封面插图作者陈九如,生于天津,曾任天津新蕾出版社美术编辑室副主任,后任天津美术学院版画系主任、教授。为中国美术家协会会员、中国版画协会常务理事。出版有《陈九如水彩人体画选》《色彩五十讲》《素描五十讲》等。

千佛洞夜话

王继洲

《千佛洞夜话》

王维洲著,封面、插图:左建华,1984 年 10 月版,17600 册。

收录作品 29 篇。

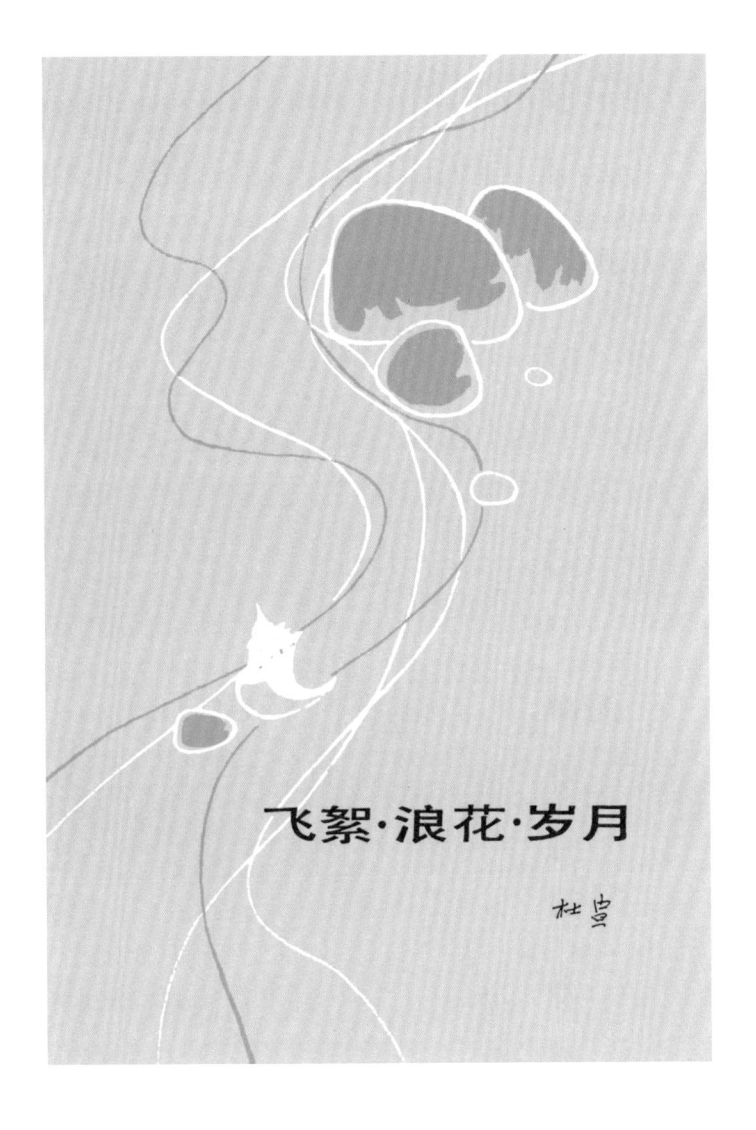

飞絮·浪花·岁月

杜宫

《飞絮·浪花·岁月》

杜宣著，封面设计：姜书典，1984 年 3 月版，14300 册。

收录作品 32 篇。

封面设计者姜书典，生于天津，毕业于天津美术学院油画系，长期从事出版管理工作。

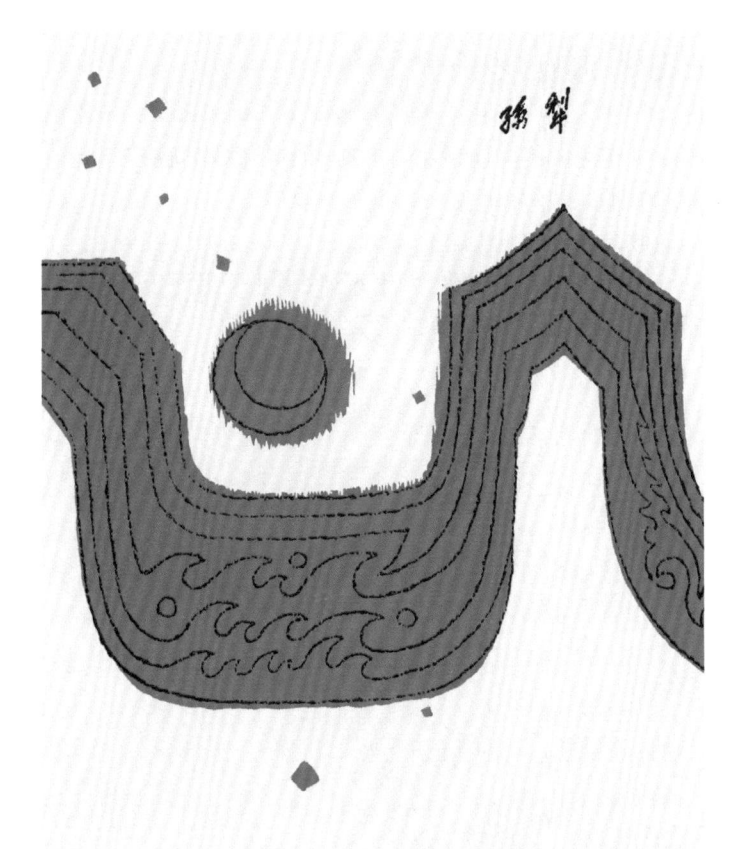

远 道 集

百花文艺出版社

《远道集》

孙犁著,封面设计:黄维中,插图:熊兆志,1984年3月版,12900册。

封面设计者黄维中,生于福建尤溪,就读于中央工艺美术学院,毕业后到天津工艺美术技校任教。1985年任天津画院专业画家,一级美术师,擅长漆画和书籍装帧,是新中国漆画十位代表人物之一。作品《清流》获第六届全国美展优秀奖;《夕阳》获第七届全国美展铜奖;《山魂》获第八届全国美展优秀作品奖;《山和水》《翠谷》《桥》《雨后》被中国美术馆收藏。为中国美术家协会会员、中国漆画研究会副会长。2007年去世。

太陽下的風景

黄永玉

《太阳下的风景》

黄永玉著,封面设计:黄永玉,1984年3月版,9300册。

梅溪作序,收录作品25篇。

本书作者也是封面设计者。黄永玉,笔名黄杏槟、黄牛、牛夫子,1924年出生于湖南省常德县,自学美术,14岁开始发表作品。曾任中央美术学院版画系主任、中国美术家协会副主席,以版画、油画、装饰画著称。此外,在散文、小说、编剧等方面亦颇有成就。其美术、文学作品编为《黄永玉全集》。

子夜灯影

雁翼

《子夜灯影》

雁翼著，封面设计：左建华，1984年6月版，9600册。

书前有作者自序1篇，收录作品53篇，书后附《我想说说散文诗》1篇。

柯蓝

迟 开 的 玫 瑰

CHIKAIDEMEIGUI

百花文艺出版社

《迟开的玫瑰》

柯蓝著,封面设计:李佩华,尾花设计:冯贵才,1984 年 7 月版,14800 册。

收录献词 1 篇,散文诗 4 题,其中"游牧者之歌"题下 10 首,"迟开的玫瑰"题下 48 首。

太阳·土地·人

《太阳·土地·人》

刘再复著,封面设计:王德隆,1984年8月版,9500册。

书前有聂绀弩《读〈太阳·土地·人〉漫为三绝句》。

封面设计者王德隆,毕业于天津美术学院,擅长油画和书法。曾任职于天津历史博物馆,后入天津人民出版社从事装帧艺术工作,编审。装帧设计作品有《法国浪漫派作品选》《傅斯年》《宗白华》《歌德传》《中国货币金融史略》等。多件作品获奖,其中《中国货币金融史略》曾获北方十省市装帧艺术年会封面设计一等奖。

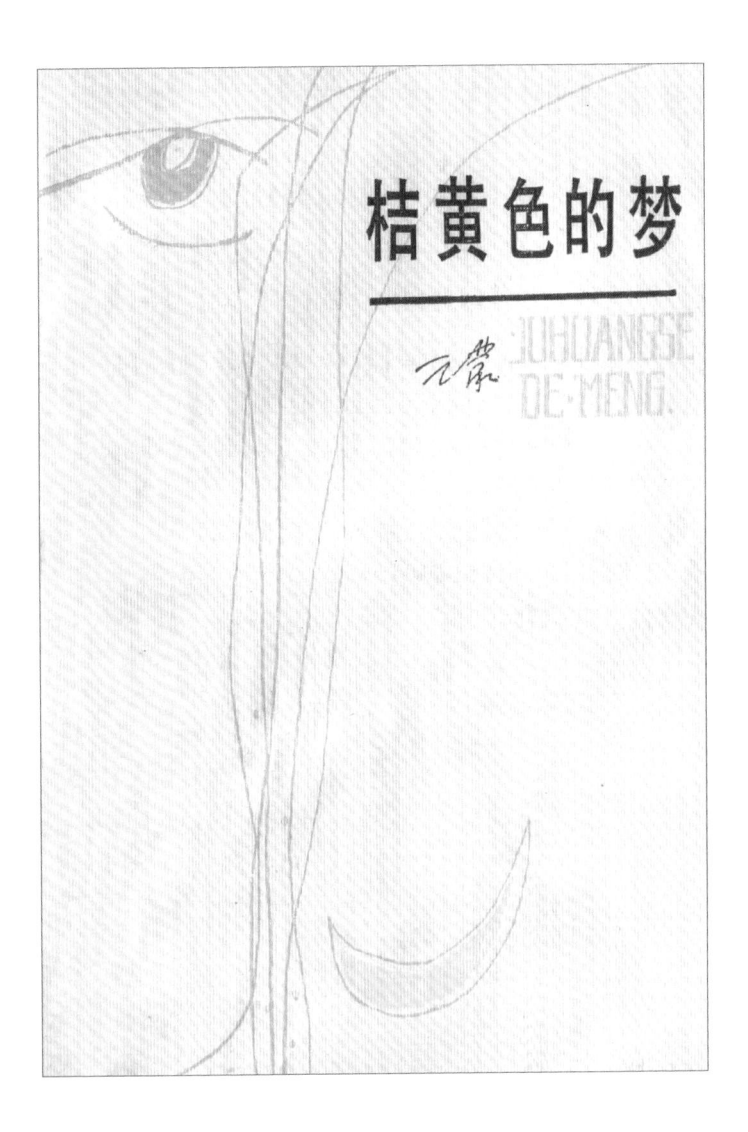

桔黄色的梦

《桔黄色的梦》

王蒙著,封面设计:王玲,插图:王玲、张跃来,
1984年8月版,11600册。

收录作者创作的散文28篇。

封面设计者王玲,河北省定州人。1976年毕
业于天津美术学院附中,1982年毕业于天津美术
学院绘画系版画专业。历任天津人民出版社美术
编辑、美术编辑室主任。擅长插图、设计及综合绘
画。作品有油画《西行印象》、丙烯画《老人与海》、
插图《哈利·波特与"混血王子"》、设计《徐志摩全
集》等。

郭风

小小的履印

《小小的履印》

郭风著，封面设计：朱欣，1984 年 12 月版，3900 册。

收录作品 84 篇，后记 1 篇。

秋水

表演

《秋水》

袁鹰著,封面设计:张守义,插图:华克齐,1984年12月版,10300册。

全书收录作品41篇,小跋1篇。

封面设计者张守义,1930年生于河北省平泉县,毕业于中央美术学院绘画系,毕业后即到人民文学出版社从事书籍装帧设计、插图创作工作,1962年在中央工艺美术学院装潢系书籍装帧研究班学习。其设计的《茶花女》《巴尔扎克全集》等封面,绘制的《巴黎圣母院》《穆斯林的葬礼》等插图风格独特,笔简意饶,享有国际声誉。曾任中国美术家协会理事、中国美术家协会插图装帧艺术委员会主任委员、中国出版工作者协会装帧艺术委员会主任委员,著有《张守义外国文学插图集》《我的设计生活》《插图艺术欣赏》《老油灯》等。2008年去世。

欧亚三国见闻

《欧亚三国见闻》

石坚著,封面设计:左建华,1984 年 12 月版,6600 册。

收录作品 27 篇,后记 1 篇。

诗 魂

《诗魂》

赵丽宏著,封面设计:李芳芳,插图:蔡延年,
1984年12月版,15400册。

收录自序及作品31篇。

江凌

涛声集

TAOSHENGJI

百花文艺出版社

《涛声集》

江波著,封面设计:王书朋,题图尾花:赵中令,1985 年 5 月版,3000 册。

收录作品 22 篇,后记 1 篇。

黑龙江文艺出版社

银河冷梦

焦虹

《热河冷艳》

燕迅著，封面设计：黄维中，1985 年 5 月版，
4300 册。

收录作品 19 篇，后记 1 篇。

竹窗纪事

《竹窗纪事》

陈大远著,封面插图:郭予群,1985 年 5 月版,3500 册。

全书收录作品 16 篇,有李松华《第一个读者的话》(代序),书后有作者后记。

在迷人的国度

——访日散记

《在迷人的国度——访日散记》

海笑著,装帧设计:朱欣,1985年6月版,4000册。

收录作品22篇。

写在椰叶上的日记

叶文玲

ZAIZAI
YEYESHANGDE
RIJI

《写在椰叶上的日记》

叶文玲著，封面设计：朱欣，1985 年 5 月版，
3500 册。

收录作品 16 篇。

种一片太阳花

李天芳

《种一片太阳花》

李天芳著,封面设计、插图:左建华,1985 年 6 月版,1700 册。

收录作品 21 篇,代后记 1 篇。

《漫步纽约》

冯亦代著,封面设计:左建华,1985 年 6 月版,4900 册。

收录作品 15 篇,其中"漫步纽约"题下 9 篇,另附录 1 篇,后记 1 篇。

《故国情》

韦君宜著，封面设计：朱欣，1985 年 8 月版，2700 册。

收录散文作品 24 篇，书后有作者后记。

河北少年儿童出版社

LUXUE

哲 学

《绿雪》

秦文玉著,封面设计:王德隆,1986 年 3 月版,1000 册。

徐迟作序,收录作品 18 篇。

百花文艺出版社

篝火·孔雀·檐花

郑军 绘

《樱花·孔雀·葡萄》

邓友梅著,封面设计、插图:黄维中,1986 年 4 月版,2300 册。

收录作品 29 篇。

《乡土情》

　　王曼著，封面设计：王书朋，1986 年 4 月版，1300 册。

　　收录作品 23 篇,后记 1 篇,鲍昌作序。

杏花集

《杏花集》

曹世钦著,封面设计:左建华,1986 年 4 月版,1100 册。

收录作品 32 篇,后记 1 篇。

从哪儿升起的地方

吴镇

《彩虹升起的地方》

吴晴著，封面设计：左建华，1986 年 4 月版，800 册。

收录作品 28 篇，后记 1 篇，韩少华作序。

野性的林

YE XING DE LIN

柳嘉

《野性的林》

柳嘉著，封面设计：郭予群，1986 年 5 月版，1200 册。

收录代序 1 篇，后记 1 篇。作品分为"天涯之旅""五羊新语""如烟漫忆""西北纪行"四部分，共30 篇。

王家新

罗马的小提琴

《蓝色的冰塔林》

王家斌著，封面设计：魏钧泉，1986 年 5 月版，1990 年 4 月印刷，1100 册。

收录作品 31 篇，后记 1 篇。

莫斯科笔记

朱春雨

百花文艺出版社

《莫斯科笔记》

朱春雨著,插图、封面设计:魏钧泉,1986年6月版,1900册。

全书分为"风物杂俎"和"北邻文情"两部分,共11篇作品,另有《苏联现代文学在中国》一文作为附录。

飞越欧罗巴

FEIYUE
OULUOBA

《飞越欧罗巴》

张贤亮著,封面设计:左建华,1986年7月版,2600册。

收录作品14篇,后记1篇。

栏目字

灞桥烟柳

《灞桥烟柳》

杨闻宇著,封面设计:王书朋,1986 年 7 月版,1700 册。

石英作序,收录作品 30 篇,代后记 1 篇。

爱 的 期 待

戴砚田

《爱的期待》

戴砚田著，封面设计：谷浩，1986 年 7 月版，6100 册。

收录散文作品 25 篇。

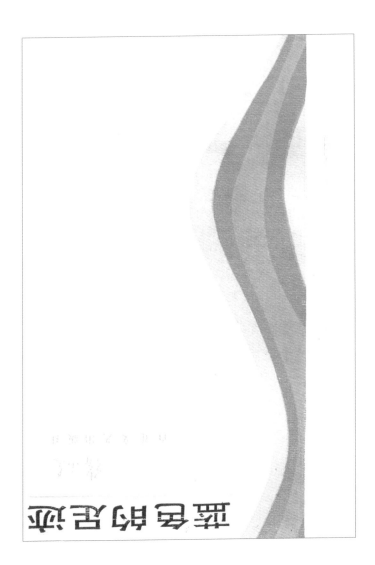

《蓝色的足迹》

张岐著，封面设计：魏钧泉，1986 年 7 月版，1500 册。

收录作品 26 篇，代后记 1 篇。

一路之遥

郭文斌

《一路云烟》

陈天岚著，封面设计：朱欣,1986 年 9 月版，5700 册。

收录作品 37 篇,代自序 1 篇。

千岛潮声

黄素安

《千岛潮声》

黄春安著,封面设计:魏钧泉,1986 年 9 月版,750 册。

收录作品 33 篇,后记 1 篇。

捕生树梢上的风筝

于漫

《挂在树梢上的风筝》

　　田野著,封面设计、插图:左建华,1986 年 11 月版,3200 册。

　　收录作品 23 篇,后记 1 篇。

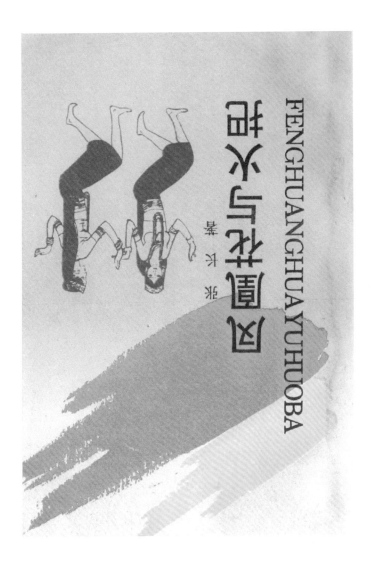

《凤凰花与火把》

张长著,封面设计:陈新,1987 年 1 月第 1 版,1995 年 4 月第 1 次印刷,1000 册。

收录作品 20 篇,书后有作者跋语 1 篇。

天然生出的花枝

陈若曦

《天然生出的花枝》

陈若曦著,装帧设计:王书朋,作者画像:丁聪。1987年1月版,3200册。

收录作品24篇,前有曹禺《天然生出的花枝》(代序),后附后记1篇。

作者画像的作者丁聪,1916年生于上海,二十世纪三十年代初开始发表漫画。曾任《人民画报》副总编辑。作品有《鲁迅小说插图》、老舍《四世同堂》《骆驼祥子》等众多作品的插图。2009年去世。

你是我灵魂上的朋友

ni shiwo ling hun shang de peng you

张洁

百花文艺出版社

《你是我灵魂上的朋友》

张洁著，封面设计：刘艺青，1987 年 2 月版，1989 年 10 月印刷，1000 册。

收录作品 22 篇。

封面设计者刘艺青，1969 年 6 月生，毕业于天津师范大学。现为新蕾出版社美编室主任，副编审。除大量装帧设计作品外，还曾创作多套连环画和插图。其装帧设计的《开开的门》获"五个一工程奖"。《三叶草美文小品丛书》《开开的门》等作品连续三届获天津市优秀装帧设计奖。《中国神话绘本》获 2010 中国童书金奖、最美少儿图书奖。

陋 巷 集

百·花·文·艺·出·版·社

《陋巷集》

孙犁著，封面设计：黄维中，1987 年 4 月版，3800 册。

收录作品 32 篇，其中"芸斋琐谈"题下 10 篇，"小说杂谈"题下 4 篇，"耕堂读书记"题下 6 篇，附录"孙犁致康濯信"，后记 1 篇。

丁香结

宗璞

《丁香结》

宗璞著,书名题字:孙犁,封面设计、插图:左建华,1987年4月版,2500册。

收录作品30篇,代后记1篇。

李凤芝

别是滋味

百花文艺出版社

《别是滋味》

李佩芝著,装帧设计:白惠敏,1987 年 6 月版,1990 年 3 月印刷,1500 册。

贾平凹作序,收录作品 28 篇,后记 1 篇。

商州三录

贾平凹

《商州三录》

贾平凹著，封面设计：王书朋，1986 年 12 月版，2100 册。

全书包括"商州初录"15 篇（含引言 1 篇），"商州又录"12 篇（含小序 1 篇），"商州再录"6 篇（含题记 1 篇）。

淡淡的一笔

《淡淡的一笔》

罗大冈著,封面、插图:左建华,1987 年 10 月版,1988 年 11 月印刷,1300 册。

收录作品 22 篇。

海外寄来的花束

《海外寄来的花束》

许达然著,封面设计:王书朋,1989 年 3 月版,
1600 册。

收录作品 50 篇,代序 1 篇。

小镇黄昏

《小蜂房随笔》

邵燕祥著，封面设计：陈新，1989 年 9 月版，1993 年 6 月印刷，1000 册。

收录作品 69 篇。

雨花女

■許墨林 著

■百花文藝出版社

淘洗，挑揀……

美，就象晶瑩繽紛的雨花石，要在生活長河里千百遍地

《雨花女》

许墨林著,装帧设计:许俭,1990年12月版,3000册。

收入散文28篇,后记1篇。

《老屋梦回》

何为著,封面、插图:颜宝臻,1991 年 10 月版,1992 年 8 月印刷,1000 册。

书前有作者自序,收录作品 40 篇。

深山明珠

SHEN SHAN MING ZHU

《深山明珠》

兰州部队政治部宣传部编，天津人民出版社1975 年 5 月版，20000 册。

收录多位作者散文 17 篇。

TUOLING QIANLI

驼铃千里

《驼铃千里》

兰州部队政治部宣传部编,插图:陈玉先,天津人民出版社 1975 年 5 月版,20000 册。

收录多位作者散文 18 篇。

插图作者陈玉先,生于安徽淮南,17 岁发表作品,19 岁时作品入选全国美展,在中国画、油画、版画、速写、插图、连环画等方面均有很高的成就。曾任中国美术家协会艺术委员会副主任。

《春满青藏线》

王宗仁、窦孝鹏著,天津人民出版社 1975 年 5 月版,20000 册。

收录散文 19 篇,后记 1 篇。

“旦花小扎本”

附录：测鸥

情有独钟"小开本"

刘运峰

"小开本"是专指百花文艺出版社(简称"百花")出版的小开本散文。

这些散文采用统一的开本，面积为 160 毫米×113 毫米，因其小巧玲珑，携带方便，又称为"口袋书"。

这一开本的诞生，与孙犁先生有关。

1962 年，孙犁将一部分散文编为《津门小集》，交由百花社出版，这些散文的质量当然没有问题，但却使编辑犯了难，因为字数太少，很难印成一本书。编辑希望孙犁再写一些，病中的孙犁心灰意冷，无力执笔，这一难题只能交给美术编辑陈新来解决。

陈新不愧为经验丰富的书籍装帧设计专家，他先是把 32 开本横竖各裁掉一部分，然后缩小版心，利用题图和尾花弥补文字的不足，这样，只有 28000 字的《津门小集》竟印成了一本典雅、漂亮的书。

这本书，获得了意想不到的成功，既给病中的

孙犁带来了喜悦，也受到了读者的欢迎。很快，这本书就印了第2版，总印数达三万余册，而今已成为难得的藏品了。

《津门小集》的成功使得百花社形成了一个不成文的规定，就是今后的散文作品都采用这一开本。于是，百花社又出版了叶君健的《两京散记》、巴金的《倾吐不尽的感情》、碧野的《月亮湖》、杜宣的《五月鹃》、闻捷、袁鹰的《非洲的火炬》等十余种，直到"文化大革命"中百花文艺出版社的建制被取消，并入天津人民出版社，成为该社的文艺编辑室。

1975年5月，天津人民出版社组来了《春满青藏线》《驼铃千里》《深山明珠》三本散文集的书稿，恢复工作不久的原百花文艺出版社社长、负责天津人民出版社文艺组工作的林呐要求责任编辑谢大光依然采取小开本的形式出版。

"文革"结束之后，百花文艺出版社恢复建制，"小开本"的出版也进入了一个蓬勃发展的时期。这些"小开本"，既包括冰心、叶圣陶、叶君健、孙犁、罗大冈、冯亦代、冯牧等一批老作家的新作，也包括玛拉沁夫、王蒙、邓友梅、冯骥才、蒋子龙、张贤亮、叶文玲等文坛主力的作品，还有贾平凹、赵丽宏等文艺新秀的处女作。陈大远、罗大冈、刘再复、林非等学者的一些散文也被收录其中，季羡林先生的第一

本散文集《天竺心影》也是以这种开本出版的。许多作家尤其是青年作家都以能在小开本中占有一席之地为荣。从1979年到1990年的时间里，"小开本"一枝独秀，风靡全国，出版了八十余种。

遗憾的是，随着商品大潮的兴起，"小开本"也遇到了不少的困难和阻力。先是在与国际接轨的形势下，图书的开本越来越大，"小开本"显得有些寒酸和落伍，再是书店不乐意摆放，认为浪费空间而又容易丢失，再就是文风大变，人们似乎不愿意写短小精悍的散文，而纷纷去写长篇大论，这些因素加在一起，"小开本"的命运就可想而知了。二十世纪八十年代末期，"小开本"也逐渐衰亡，到了九十年代初期，就再也见不到"小开本"的影子了。

我最初收集"小开本"，是出于一个偶然的机会。在我原来工作单位的门口，每到黄昏，就有一对老实、憨厚的夫妇带着他们的小男孩儿来摆书摊，其中大多是百花社的图书，这些"小开本"就夹杂其中。起初，我只买那些名家的作品，比如孙犁的《晚华集》《澹定集》《尺泽集》《远道集》《陋巷集》，唯独《秀露集》非常难买，那时还没有网络，想了很多办法都没有如愿，只好拿一部《杜诗详注》和一位朋友相交换，算是把孙犁的这六本小开本凑齐了。我还买了贾平凹的《月迹》《商州三录》，两

者相比,可以看到贾平凹散文创作逐渐趋于成熟。

当时,这些"小开本"都很便宜,大多数都是几毛钱一本,几乎是每天,我都去书摊看看,和主人边聊天边随便翻书,慢慢地,买到了三十余本。这些书摆在书架上,显得很别致。

有一段时间,我的兴趣转移到了社会科学上来,对这些"小开本"也就失去了兴趣,于是,在一次搬家时,我除了留下孙犁、贾平凹等的少数几本作品外,其余的全部送给了一位朋友。

也许是专业领域的转移,也许是厌倦了逐渐升级的大开本,我突然又对这些"小开本"发生了浓厚的兴趣。我发现,这些"小开本"在今天的环境中,愈加显示出它们独特的魅力,尽管它们开本小巧,但由于版式疏朗,一点儿都不小气。最值得称道的,是它们的封面设计,这些设计大多出自天津的各位名家之手,除"小开本"的创始人陈新之外,还有刘丰杰、黄维中、王书朋、左建华、朱欣、魏钧泉、李芳芳,等等。这些封面或清新淡雅,或质朴厚重,但都归为一点,那就是"自然和谐",这些封面设计,本身就是完美的艺术品,具有独特的艺术风格,这一风格也是百花社的风格。

我后悔当初把这些"小开本"送给了那位朋友,但又不好启齿把它们要回来,于是便开始留心

在旧书摊、旧书店寻找它们的踪影,更多的则是依赖孔夫子旧书网,我快速浏览着网页,频频点击鼠标,一笔笔地下订单,自然,那些"小开本"也就源源不断地来到我的书房。

功夫不负有心人。经过几年的努力,我竟然买到了九十多种"小开本"。我编了一个目录,向百花社的资深编审董延梅先生求教,董先生为我补充了几种,并特意告诉我说:"还有一本《小蜂房随笔》,是邵燕祥写的,印得很少,我手里都没有,你找找看。"于是,我便给谢大光、董令生两位百花社的"老人儿"打电话,他们也说没有印象。我只好上网查找,果真是少之又少,网上只有两本待售,一看标价,吓了一跳,一本是签名本,卖350元!另一本不是签名本,也要卖200元!

我有些不情愿,但又没有别的渠道得到这本书,一位非常要好的书友对我说:"这就是麻将牌里的'会儿',该买!"我对这位书友一向言听计从,于是汇款,成交。这可以说是我搜集"小开本"最大的一笔开支。

而今,这些"小开本"已经摆在了我书架上显眼的位置,成为一道独特的风景。

2010 年 9 月 29 日初稿
2010 年 12 月 26 日修改

漫谈"百花散文小丛书"

陈子善

还是在读高一的时候，那是"山雨欲来风满楼"的1965年，我在上海新华书店或旧书店里先后见到《樱花赞》(冰心著)、《倾吐不尽的感情》(巴金著)、《非洲夜会》(韩北屏著)、《非洲的火炬》(闻捷、袁鹰著)等书。中学生的我对文学似懂非懂，这些书未必全能理解，但开本一致又小巧，装帧素雅又简洁，价格也能承受，所以很喜欢。也因此记住了韩北屏、闻捷等作家的名字，巴金、冰心的大名早已听说了。后来才知道闻捷、韩北屏本来是诗人，"文革"中均惨遭迫害而死。这是我结缘"百花散文小丛书"之始，也可以说，"小丛书"在我的文学启蒙之途上起了不小的作用，至今难忘。

"百花散文小丛书"这个提法不是正式的命名，是我杜撰的，但如果可以成立，三个关键词，即百花、散文和小丛书，不可或缺，值得一说。

创办于1958年的百花文艺出版社一直以出版中国现当代散文著称，我在改革开放之后从事

现当代文学研究，就对此有了深刻印象。我曾是《散文》月刊的忠实读者，我也得悉周作人的《木片集》六十年代差点由百花文艺出版社出版，我更注意到百花文艺出版社几乎囊括了晚年孙犁作品的出版。特别是随着《天竺心影》(季羡林著)、《风雨苍黄》(陈大远著)、《丁香花下》(黄秋耘著)、《一束玫瑰》和《人海巴黎》(梅苑著)、《忘年》(吴伯箫著)、《文苑随笔》(吴泰昌著)、《风云侧记》(吴岩著)、《南亚风情》和《绿窗集》(姜德明著)、《太阳下的风景》(黄永玉著)、《天然生出的花枝》(陈若曦著)等一系列散文集的购读，我对这套虽无正式丛书名称，却风格鲜明独特的"散文小丛书"刮目相看。

单从八十年代"百花散文小丛书"全盛时期出版的散文集来看，我以为至少有以下三个显著特点：首先，"小丛书"既重视前辈大家的华章，也努力扶植青年散文家的新作，更关注港台海外作家的名篇，这在当时来讲，都是得风气之先的。

其次，"小丛书"既突出抒情散文作品，也不忽略随笔、杂文、读书札记、散文诗等其他类型的散文，乃至短篇小说，如孙犁《尺泽集》和《远道集》中的"芸斋小说"，可谓丰富多彩。

当然，"百花散文小丛书"的最大特点还在于

它的形式,开本别致,版式别致,装帧别致。做到一个别致已属不易,何况三个?尤其开本,"比普通 32 开本还小的 690×960 毫米 1/32 的开本",当时是独此一家,小巧玲珑,可随身携带,人称"口袋书"是也。而版式方面,版心适中,天地疏朗,文前有题图,文后有尾花;装帧方面,又有平装、软精装和硬精装之分,也都可圈可点。可惜的是,后二项未能贯彻到底。

"百花散文小丛书"到底出版了多少种? 我一直不清楚。幸好南开大学刘运峰兄编写了《百花小开本散文百种经眼录》(2011 年 5 月《天津记忆》第 79 期),从中可以得知,自 1962 年至 1992 年,"小丛书"不多不少,总共出版 100 种(含 1975 年所出的 3 种),洋洋大观了。又承刘运峰兄帮助,我购得邵燕祥先生《小蜂房随笔》,印数仅千册,流传甚少。我所得还是作者 1994 年 6 月题赠"晓青"者。去年 9 月,上海文汇报社举行"南京笔会",我携去此书,请作者再写几句话。他竟在二页四面的前环衬上密密麻麻写满了三面,不啻一篇生动具体的《小蜂房随笔》出版小史,颇具史料价值。

无论从文学传播还是接受的角度考察,"百花散文小丛书"在中国当代文学史,特别是当代散文创作史、编辑史和出版史上占有重要的一席之地,

是毋庸置疑的，其成败得失理应进入当代文学研究者的视野，认真探讨和总结，我以为。

（原载 2013 年 7 月 13 日
《今晚报·今晚副刊》）

书林中的一枝秀色

王稼句

　　如今的书，即使薄册小本，大都印得精致讲究，应该归功于印刷材料和印刷技术的日新月异，归功于装帧理念的与时俱进。上了年纪，时常会想起以前看过的书，不说内容，就以书装而言，也纷纭杂沓，各具面貌，就像是服饰，也反映了那个时代。

　　百花文艺出版社向以散文为号召，先后印过数十套散文丛书，其中持续时间最久、品种最多、也是让我印象最深刻的，是一套别致的小方本，没有丛书名，只是以开本、版式的一致而成丛书，因为装帧者并非一人，封面设计的风调，各具情趣，耐人寻味，比起当下各种丛书的"穿制服"，那要好得多，堪称当时书林中的一枝秀色。自八十年代起，上海文艺出版社也编印了一套"散文丛书"，32开，印了好几十种。一南一北两套散文，在当时都很有影响。

　　我与这套小方本结缘，得从谢大光先生说起。

1979年，我在江苏师范学院中文系读书，百花文艺出版社的《散文》月刊即将创办，大光先生前来组稿。他那年才三十六七岁，与七七、七八级中的年长者，年纪相差无几，想法也比较一致，很快就与我们一批同学熟悉起来。三十多年过去了，他与我们不少同学还有联系，其中也包括在下。当时这套小方本正在不断推出新品，他不时给我寄来几册，舍间还保存着几十册，绝大部分是他的馈赠。那时我喜欢读散文，特别是孙犁先生所写的让我心醉神迷，于是就开始写点介绍的文字，在《读书》《书林》《书讯报》《深圳特区报》等报刊上发表，这也是我写读书随笔的起始。关于这套小方本，我写过好几篇文章，后来大都收入《枕书集》，我找出来翻了一下，就有孙犁的《秀露集》《澹定集》《尺泽集》《远道集》、姜德明的《绿窗集》、吴岩的《风云侧记》、黄秋耘的《丁香花下》、吴泰昌的《文苑随笔》、梅苑的《人海巴黎》、黄永玉的《太阳下的风景》等，也算是当了一阵儿小小的吹鼓手。因为喜欢这套小方本，甚至有不成三瓦之叹，孙犁的前几本，都在这套丛书里，《老荒集》却由上海文艺出版社编入那套"散文丛书"，我曾问过大光先生，他回答说，让陈先法捷足先登了。也不知为什么，孙犁的《如云集》也由百花文艺出版社刊行，却做成了 32 开。于此我总

觉得有点遗憾，放在一套里该多好啊。直到1999年，汪家明先生在山东画报出版社编了《耕堂劫后十种》，才让我的愿望得以满足。

正因为有了这套小方本，才会有我那些浅薄的文字，才会与姜德明、吴岩等先生熟悉起来。吴岩先生当时主持上海译文出版社，给我寄来不少书，包括他译的泰戈尔诗集等，后来知道他是昆山周庄人，与我外祖有同乡之谊，也就有更多书信往来。八十年代中期，我与人合编《江南名镇》，请他写了一篇序，那真是一篇难得的妙文。去年春上，大光先生来苏州，还谈起吴岩先生，说他已去世了，我说怎么还看到吴岩的文章，他说，这吴岩另有其人，不是那位原名孙家晋的翻译家吴岩。

刘运峰先生对这套小方本不能移情，广事搜罗，深入研究。前些年《天津记忆》印了他的《百花小开本散文百种经眼录》，正编介绍了九十七种，附编三种，合计百种；又附录了三篇文章，运峰的《情有独钟"小开本"》，董延梅先生给运峰的信，大光先生的《想起林吶》。这已经将这套小方本的前世今生介绍得很清楚了，不啻是出版史料的别裁。如今运峰又做了修订，即将付梓，让更多的人能够读到，这自然是在做功德。

虽然这套小方本时常勾起我的回忆，虽然与

我同时代的许多读者也都留下深刻印象，但就像是昔年烟景，只能作遥远的缅想，既已时过境迁，就借助运峰的著录，让这种留在心底的忆念，更清晰明朗起来。

2015 年 11 月 11 日

"小开本"的温馨

杜鱼

寄寓天津二十多年,但我并非"花粉"。当然,近水楼台的关系,百花文艺出版社的图书,还是有过不少的,只是湮没在众多藏书之中。在我的个人记忆里,对百花"小开本"印象尤深——外观小巧玲珑,装帧朴素雅致,文字清新隽永,而且这些元素早已叠加到一起,幻化成为"我的大学"的温馨而可爱的断片。

1991 年 10 月,我怀揣作家之梦,从千里之外的东北农村,走进人生的重要驿站——南开大学。其时,正好赶上文学热潮消退、市场经济勃兴,就在我来津的同一个月,百花"小开本"也弈出最后官子——何为先生的《老屋梦回》——无论输还是赢,一个散文出版的辉煌时代宣告结束。此时,百花"小开本"的初版印数,已由十来年前的万册以上,降到了可怜的 1000 册。再后来,随着文学阅读群体的锐减,"小开本"逐渐地隐入历史。

二十世纪九十年代,虽说已经越来越被边缘

化,但对陡然进入大城市的我来说,文学仍然有着巨大魅力——南开七年成为我人生阅读的黄金期。而与阅读相伴而来的,自然就是买书了。大学生活很是拮据,为买书常至缩食节衣,直到如今仍印象深刻。那时国企快速转型,图书室、文化室、阅览室等多被裁撤,常会大批量地处理图书,由此在八里台立交桥下,从南开大学到天津师大(南院),形成了规模庞大的书摊群,最盛时有超过百人藉此为生;要是赶上双休日,还会有一些文化人,厕身其间转售个人藏书,不是家里有病人等着买药,就是生活用度吃紧需要贴补。我与百花“小开本”的接触,就是从那时从那里开始的。可以毫不夸张地说,当时任何一个书摊,都会有“小开本”出没其间,静静地躺在一块块地毯、一条条破布,甚至一张张废纸之上,显得极不受待见;而且无论原价多少,都会折成半价出售,甚至还可以谈得更低。

我的最早一册“小开本”,可能是吴泰昌的《文苑随笔》,里面谈到阿英的古代小说研究,是当时比较喜欢的内容。还有黄永玉的《太阳下的风景》,是受其画名影响才买下的。之后出于各种各样的理由,我又陆续购得一些“小开本”,如今能够记起来的,有叶君健《两京散记》、韩北屏《非洲夜会》、叶圣陶《小记十篇》、姜德明《南亚风情》、黄秋耘

《丁香花下》、贾平凹《商州三录》、冰心《晚晴集》等。当然，不全都是得自八里台的书摊，也有学兄学姐毕业时的处理品，价钱自然是更低了，内容则不敢说都喜欢，只是贪图便宜而已。

买得最多的是孙犁先生的几种，早年的《津门小集》也在其中，其他如《晚华集》《秀露集》《澹定集》《尺泽集》《远道集》《陋巷集》，应该是一本没落下。其时我的阅读趣味，已超越了斗争题材（武侠、抗战、解放、反特、侦探之类）的影响，转而喜欢起孙犁的清淡有味来。在一篇短文中，我曾谈到孙犁及"小开本"的事："大学几年是我读孙犁最集中的时期……百花文艺出版的后来被列入'劫后十种'里的那些孙犁集子，几乎随处都可以遇到……如今动辄上百元的'百花小开本'，当时也就三两毛钱一册，我虽然手头很是拮据，但对于《澹定集》《秀露集》《晚华集》之类，还是挑拣着买了好几种，可惜到我本科毕业时，这些孙犁写的小本本，已经全都不知去向了。"

现在想来稍微有些遗憾，当年省吃俭用换来的"小开本"，总计二十来种的样子，现在一册都没有留下。"去向"确实是记不清了，大约在本科毕业时卖掉，换钱买其他的书了。那时读书用心，从头到尾地看（懂否是另外一回事），阅过也就觉得没

什么意义了,或卖掉,或交换,或送人,都是很平常的事。如果反思起来,当时倒是抓住了阅读真谛,不像现在汲汲于收藏,必据为己有而后快,而真正浏览的书都很少了。

让人无法想象的是,二十年河东,二十年河西(还没到三十年),当年触手即是的"小开本",现已身价百倍千倍,譬如孔夫子旧书网上,就标出过700元的价位,要知道这可不是名家签名本啊!走过了经济躁动的岁月,重新回到书桌前的读者,这些年又关注散文、随笔、书话之类东西了,以至素雅的"小开本"散文册子,不经意之间竟成为"一种亲切的带有怀旧色彩的读本"(作家肖复兴语),成为一代人感念人生寄情往昔的载体。

对于"小开本",实话实说我并未特别痴迷过,但种种难以言喻的喜欢却是有的。它填补了我苦读大部头时的间隙,使生活变得充实饱满,也显得有张有弛;而且,在青春恼人闲愁万种之时,还可以把书随便揣入口袋,找处清静的角落读上一段,驱烦遣闷,荡涤心灵,热闹些的场所也没关系,不会像现在一样,有人笑话你或认为这人有毛病;此外呢,遇到不喜欢的课程或是老师,则可以夹带着这样一本小册子闲翻,身体虽然仍在课堂,但心里早已是翘课了。

百花"小开本"散文书,伴随我走过了由农村到城市的最初岁月,虽然现在内容大都不记得了,但是我绝对地相信,当时从中汲取的点点滴滴,都已融入我的身心,成为个人文化记忆的一部分。回想当年校园阅读的青涩光阴,如今仍然不免怡然微笑,并淡淡地忆起"小开本"的可爱与温馨。

2015 年 11 月 14 日草竟于沽上四平轩

U0313283